筑境

中国精致建筑100

1 建筑思想

风水与建筑
礼制与建筑
象征与建筑
龙文化与建筑

2 建筑元素

屋顶
门
窗
脊饰
斗栱
台基
中国传统家具
建筑琉璃
江南包袱彩画

3 宫殿建筑

北京故宫
沈阳故宫

4 礼制建筑

北京天坛
泰山岱庙
闾山北镇庙
东山关帝庙
文庙建筑
龙母祖庙
解州关帝庙
广州南海神庙
徽州祠堂

5 宗教建筑

普陀山佛寺
江陵三观
武当山道教宫观
九华山寺庙建筑
天龙山石窟
云冈石窟
青海同仁藏传佛教寺院
承德外八庙
朔州古刹崇福寺
大同华严寺
晋阳佛寺
北岳恒山与悬空寺
晋祠
云南傣族寺院与佛塔
佛塔与塔刹
青海瞿昙寺
千山寺观
藏传佛塔与寺庙建筑装饰
泉州开元寺
广州光孝寺
五台山佛光寺
五台山显通寺

6 古城镇

中国古城
宋城赣州
古城平遥
凤凰古城
古城常熟
古城泉州
越中建筑
蓬莱水城
明代沿海抗倭城堡
赵家堡
周庄
鼓浪屿
浙西南古镇廿八都

筑境

中国精致建筑100

江陵三观

李德喜　撰文/摄影/绘图

中国建筑工业出版社

出版说明

中国是一个地大物博、历史悠久的文明古国。自历史的脚步迈入新世纪大门以来，她越来越成为世人瞩目的焦点，正不断向世人绽放她历史上曾具有的魅力和光辉异彩。当代中国的经济腾飞、古代中国的文化瑰宝，都已成了世人热衷研究和深入了解的课题。

作为国家级科技出版单位——中国建筑工业出版社60年来始终以弘扬和传承中华民族优秀的建筑文化，推动和传播中国建筑技术进步与发展，向世界介绍和展示中国从古至今的建设成就为己任，并用行动践行着“弘扬中华文化，增强中华文化国际影响力”的使命。从20世纪80年代开始，中国建筑工业出版社就非常重视与海内外同仁进行建筑文化交流与合作，并策划、组织编撰、出版了一系列反映我中华传统建筑风貌的学术画册和学术著作，并在海内外产生了重大影响。

“中国精致建筑100”是中国建筑工业出版社与台湾锦绣出版事业股份有限公司策划，由中国建筑工业出版社组织国内百余位专家学者和摄影专家不惮繁杂，对遍布全国有历史意义的、有代表性的传统建筑进行认真考察和潜心研究，并按建筑思想、建筑元素、宫殿建筑、礼制建筑、宗教建筑、古城镇、古村落、民居建筑、陵墓建筑、园林建筑、书院与会馆等建筑专题与类别，历经数年系统科学地梳理、编撰而成。本套图书按专题分册，就其历史背景、建筑风格、建筑特征、建筑文化，结合精美图照和线图撰写。全套100册、文约200万字、图照6000余幅。

这套图书内容精练、文字通俗、图文并茂、设计考究，是适合海内外读者轻松阅读、便于携带的专业与文化并蓄的普及性读物。目的是让更多的热爱中华文化的人，更全面地欣赏和认识中国传统建筑特有的丰姿、独特的设计手法、精湛的建造技艺，及其绝妙的细部处理，并为世界建筑界记录下可资回味的建筑文化遗产，为海内外读者打开一扇建筑知识和艺术的大门。

这套图书将以中、英文两种文版推出，可供广大中外古建筑之研究者、爱好者、旅游者阅读和珍藏。

目录

江陵三观

江陵，地处湖北省中部美丽富饶的江汉平原上，南临长江，北滨长湖，河网纵横，古为云梦泽。南朝宋盛宏之《荆州记》云："此地临江，所有皆陵阜，故名江陵。"江陵扼巴蜀之险，据江湖之会，为历代战略要地。三国时诸葛亮在《隆中对》谓江陵"北据汉沔，利尽南海，东连吴会，西通巴蜀，此用武之国"。江陵气候温和，物产丰饶，誉为"鱼米之乡"，是长江流域重要的商业都会。《汉书·地理志》云："江陵，古郢都，西通巴蜀，东有云梦之饶，亦都业也。"宋苏轼《荆州诗》云："游人出三峡，楚地尽平川。北客随南贾，吴樯间蜀船"，说明当时商贾航运，盛极一时。

江陵为荆州治所，一城二名。迄今已有2600余年的历史，为历代封王置府之地。相传大禹治水时，划天下为九州，荆州即其一。春秋战国时期是楚国政治、经济、文化的中心。城北郊楚南郢纪南城面积达16平方公里，城垣至今犹存，是我国南方古城中不可多得的"完璧"。江陵是楚文化的发祥地，名胜古迹遍布城内外，地下文物尤富，为国务院首批划定的中国历史文化名城之一，这里还有许多有趣的"三国"故事，今天已成为中外游客向往的旅游胜地。

图0-1 清末江陵城古建筑分布图

江陵城为荆州府治所，一城二名。分东西二城，中设门道相通，城垣四周设六门，城门上建有重檐歇山顶城楼，现仅存大北门朝宗楼，城内湖池相连，古建筑甚多。（李德喜据清光绪二年（1876年）续修《江陵县志》卷首荆州府城图绘制）

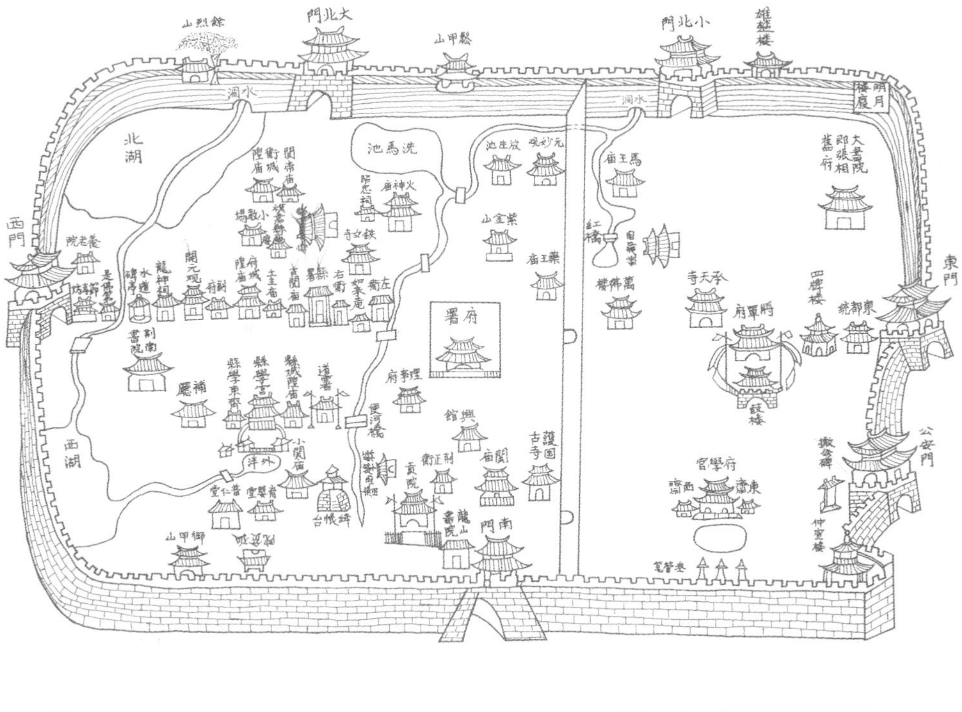

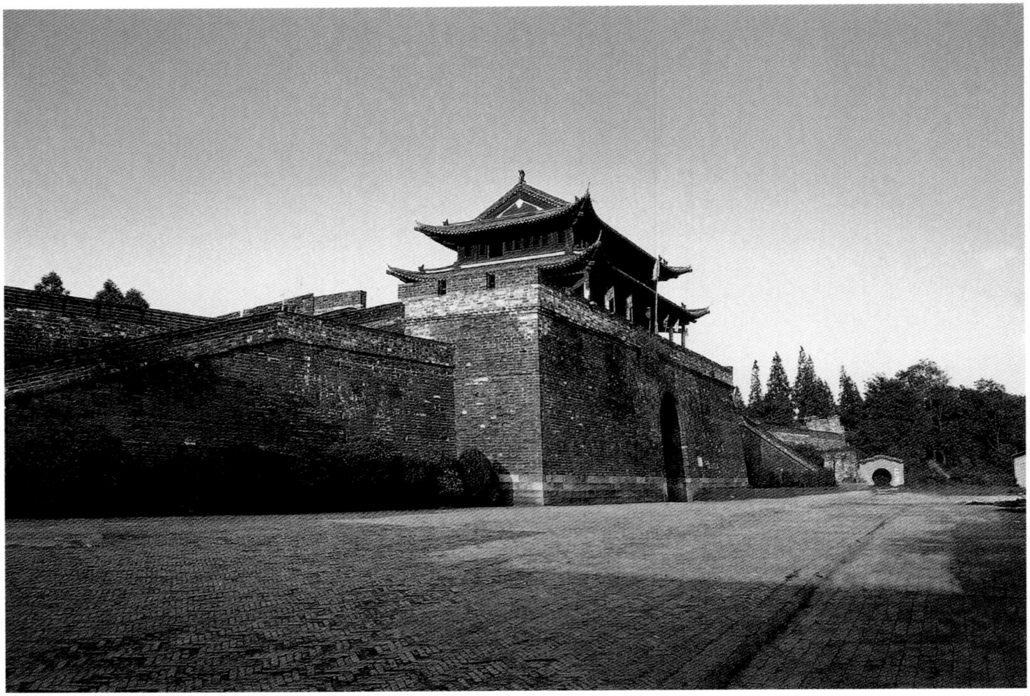

图0-2 大北门与朝宗楼

大北门，明清称拱极门。古时仕宦迁官调职皆出此门，在此折柳相赠话别，故又名柳门。城楼名朝宗楼，重建于清道光十八年（1838年）。重檐歇山筒瓦顶。城台与箭台之间设瓮城，前安铁皮板门，以防火攻，后安木制闸门，以防水患。

一、悠久的历史

江陵古属楚地，楚人尚鬼、崇巫、信卜，好祀之俗由来已久，至今民间仍流行给死者做醮，“烧纸屋”、“送纸钱”的习俗。魏晋南北朝时期国家分裂，战争频仍，百姓苦于离乱，宗教信仰却得以发展，寺观为数众多，“南朝四百八十寺，大半荆鄂间”（唐·杜牧词）。迄于唐，玄宗开元二十九年（741年）设道教科举制度。《唐书》云：“课式如明经，谓之道举。”清顾炎武《菰中随笔》：“……崇玄学，而曰老子、庄子、文子、列子，四子书，亦曰道举。”道教遂以兴盛，全国有道教宫观1687所。当时江陵为陪都，与长安洛阳并称，“井邑十倍其初”，经济繁荣，当时在城内外兴建了开元、玄妙、景明等观。宋代增建道院10所。元、明统治者皆提倡道教，江陵且是明王朝封藩之地，又增建了不少道观。在历史上江陵虽有许多规模宏大的道教宫观，但随着时间的更迭，多已毁圮，现仅存开元、玄妙、太晖三观。

开元观位于江陵古城西门内北侧，始建于唐开元年间（713—741年）。传说唐玄宗李隆基曾在梦中闻一巨人语：“吾欲出，建道场。”事有凑巧，不久忽接荆州奏报说，在江陵城西的地里涌出一铁巨人，玄宗即下诏就地建观，敕曰“开元”。宋查藻诗云：“断碑最古开元观，上有模糊五千字。”该观现存的山门、雷神殿、三清殿、祖师殿则系明代遗构，清代至今皆有修葺，现为荆州博物馆所在。

玄妙观位于江陵古城北垣内侧，亦始建于

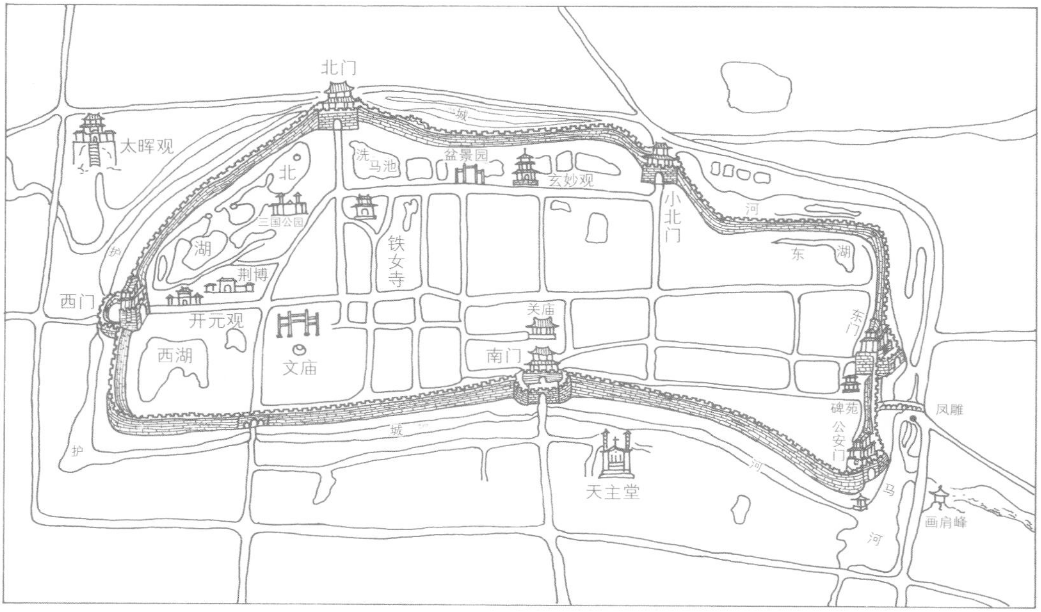

图1-1 江陵城三观位置图

江陵城为明清时遗构，呈不规则长方形，周长9.25公里，城墙高约8米，城内湖池与城外护城河相通，开元观位于古城西门内北侧，玄妙观位于古城北垣内侧，太晖观位于西门外太晖山上。（李德喜据江陵县城关图绘制）

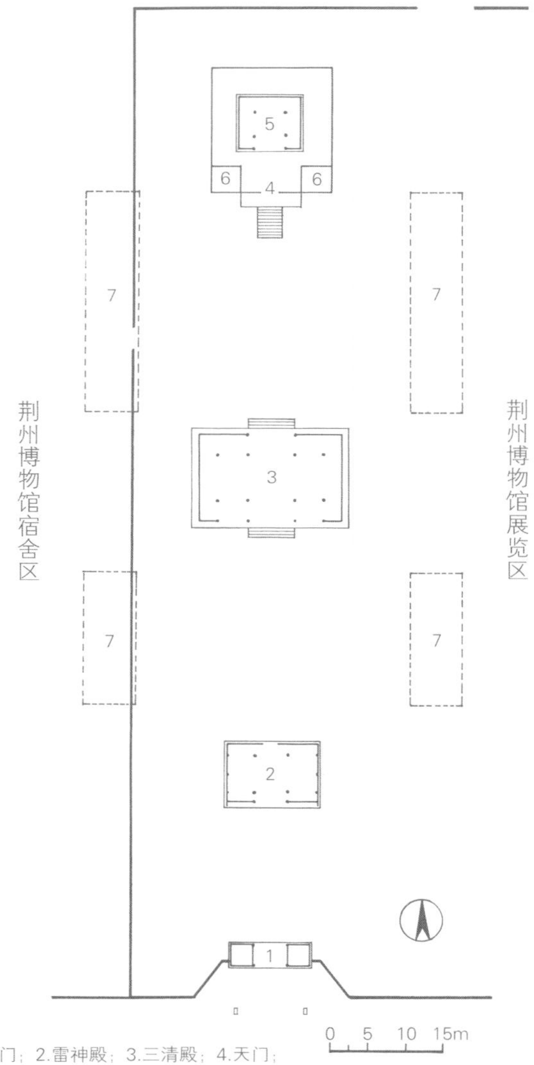

1.山门；2.雷神殿；3.三清殿；4.天门；
5.祖师殿；6.配房；7.配殿
—— 粗线为现代院墙

图1-2 开元观总平面图

开元观位于江陵古城西门内北侧，一门三殿沿中轴而立，坐北向南，南向荆中路，皆明代遗构。观内陈列三国史迹展览，可供参观游览。（李德喜据荆州博物馆资料绘制）

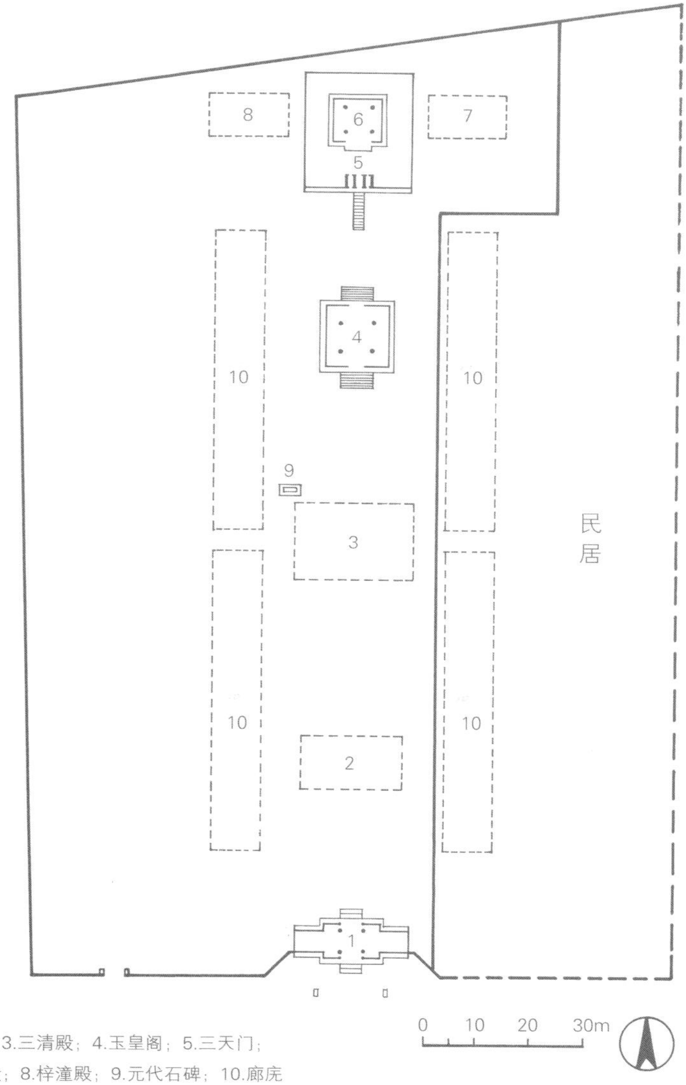

1.山门；2.四圣殿；3.三清殿；4.玉皇阁；5.三天门；
6.紫皇殿；7.圣母殿；8.梓潼殿；9.元代石碑；10.廊庑
━━粗实线为现代观址；━ ━粗虚线为原观址

图1-3 玄妙观总平面图

玄妙观于明万历八年（1580年）于“九老仙都宫”址重建，坐北朝南，南临荆北路。其中，玉皇阁为明万历遗构，紫皇殿为清乾隆五十年（1785年）建，山门为1987年重建。玉皇阁前有元代石碑，为道教珍贵文物。（李德喜据实测图和碑文绘制）

唐开元年间（713—741年）。观址在府治西北。宋真宗大中祥符二年（1009年），诏天下州府监县建道观一所，以此更名为天庆观。元成宗铁穆耳大德年间（1297—1307年），诏易诸路天庆观名玄妙观。该观于明正德八年（1513年）毁于火，重建于江陵县学东南，后又毁。于明万历八年（1580年）重建于今址。该址本元代“九老仙都宫”故址（九老仙都宫为元代元静真人唐洞云始建，明初毁圮）。明沈一中《玄妙观玉皇阁碑记》载，当时该观有四圣殿，三清殿、左右廊庑，后置高台，立玄武阁，台东为圣母殿，台西为梓潼殿。现仅存明玉皇阁和清紫皇殿（明玄武阁旧基）。清代为避康熙帝玄烨讳，易“玄”为“元”，今复旧名。

图1-4 玄妙观元代石碑
石碑为元至正三年（1343年）《中兴路创建九老仙都宫记》碑碣，圆顶，高2.85米，宽1.45米。碑额雕双龙戏珠，四周满布云纹，欧阳元撰文，危素手书，楷书、阴刻。碑文记述了“九老仙都宫”营建始末。亭为20世纪80年代所建。

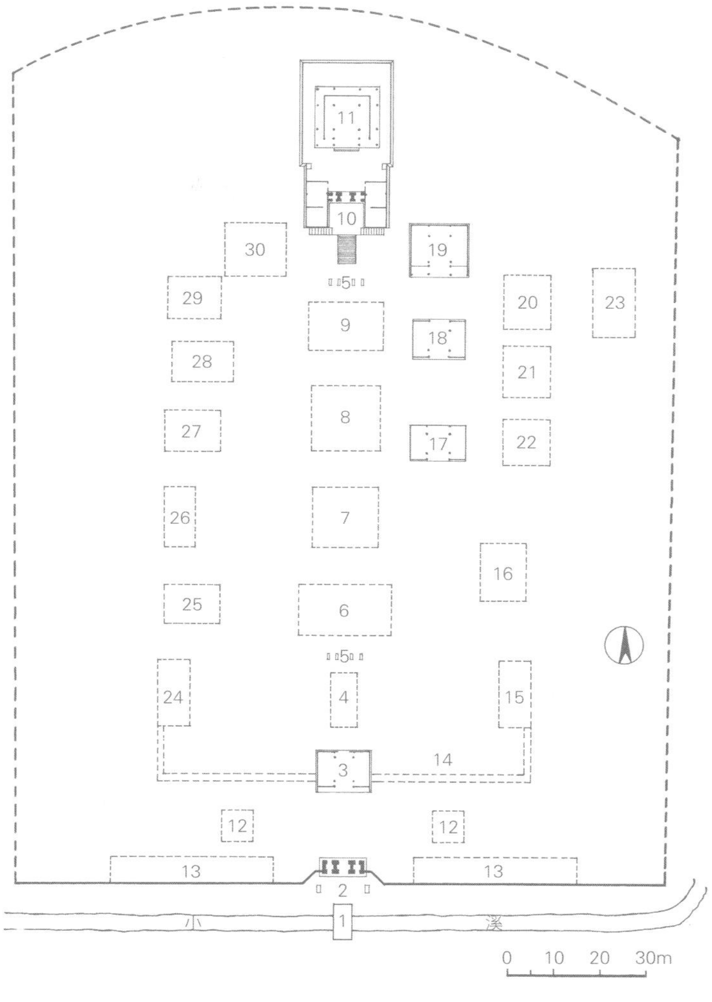

图1-5 太晖观总平面图

太晖观建于明洪武二十六年（1393年），系湘献王朱柏所建。坐北朝南，由一门、六殿、二桥、两牌坊组成。规模宏大、殿宇巍峨，有"赛武当"之誉。现存观桥、山门、四圣殿、金殿及东面文昌宫、药王殿、娘娘殿等建筑。（李德喜据调查与实测图绘制）

1.观桥
2.山门
3.四圣殿
4.会仙桥
5.石牌坊
6.三清殿
7.玉皇阁
8.雷神殿
9.观音殿
10.朝圣门
11.金殿
12.钟鼓楼
13.香客住房
14.廊庑
15.救苦殿
16.东二宫
17.文昌宫
18.药王殿
19.娘娘殿
20.东大宫
21.三义殿
22.道宫衙门
23.斗姆殿
24.关爷殿
25.西幺宫
26.西三宫
27.西二宫
28.西大宫
29.王母殿
30.镇江殿

太晖观位于江陵古城西门外1公里许的太湖港北岸的太晖山上，宋、元时只有一草殿。明洪武二十六年（1393年）朱元璋第十二子湘献王朱柏在此建王宫，次年落成。由于在建筑规模和装饰上逾越了当时的等级（如蟠龙石柱、铜质镏金铜瓦），竣工后被人告发。时朱元璋已死，惠帝朱允炆继位，遣使问罪。朱柏便将王宫改为道观，名“太晖观”，并向武当山祈求“上清”（灵宝天尊）和“五岳神仙”等神尊，以保平安。后又从安陆府运来一尊真武祖师铜像，供奉于金殿内。朱柏虽用心良苦，但仍逃脱不了问罪的厄运，最后赴火自焚，葬于太晖观西侧。清王柏心《过城西太晖观》诗：“琳宫传杰构，今在郢西门。太息来樵牧，空悲帝子魂”即指此。据明万历二十八年（1600年）《重修太晖观金殿显灵碑记》载，当时建有殿阁、天门、帏城及左右廊庑，所谓“遍地琳宫，独此雄甲荆楚，人称赛武当”。现观中轴线上尚存观桥、四圣殿、朝圣门、金殿、帏城，皆明代遗构，轴线以东的文昌宫、药王殿、娘娘殿，皆清代遗构。

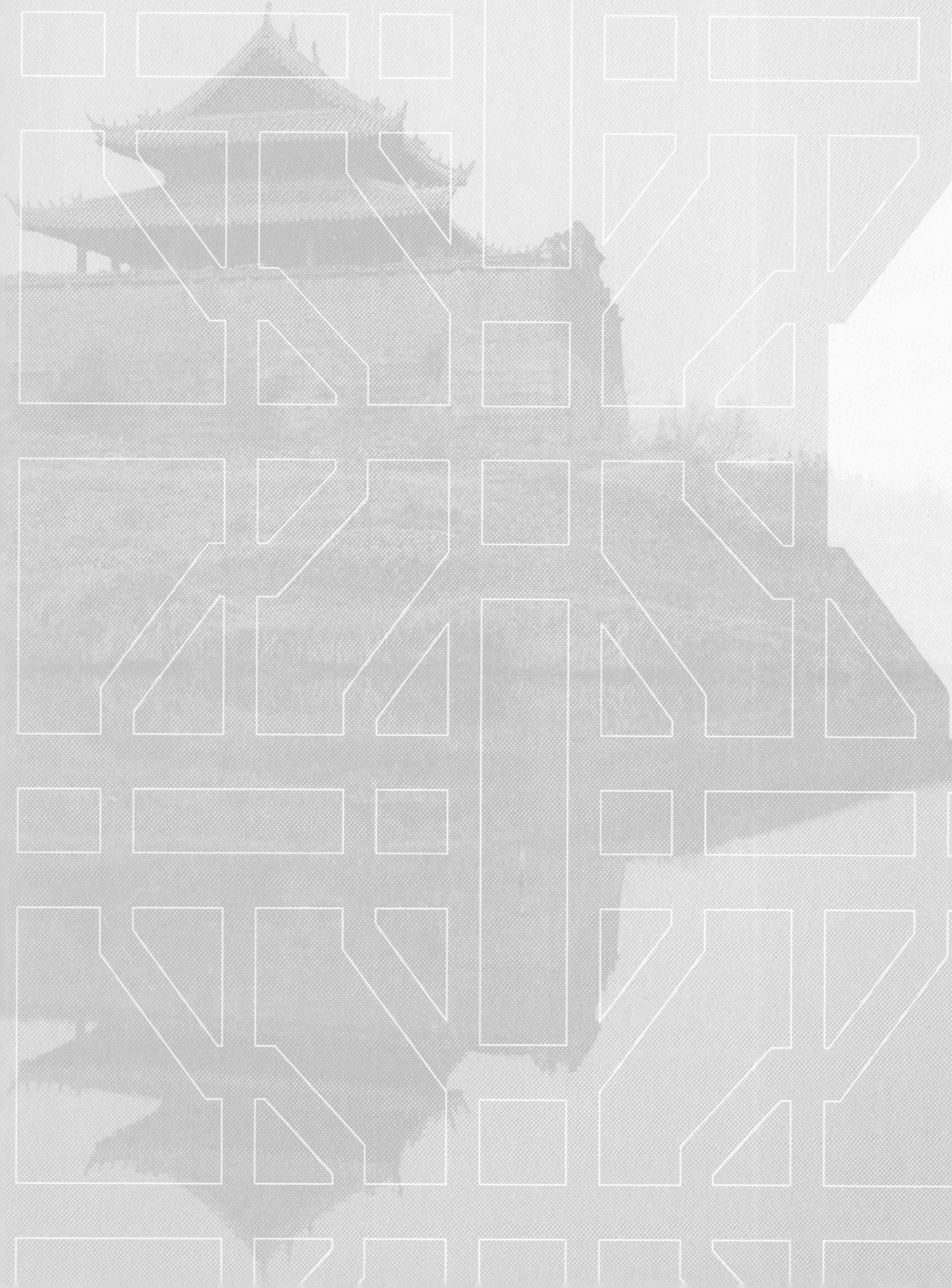

二、湖、城辉映的优美环境

古人讲究相地之学，无论城市、宫室、宅院、道观寺庙，乃至陵墓，选址立基务必先看“风水”。“风水”主要指建筑选址时对气候、地质、地貌、生态、景观等环境因素的综合评价。道教宫观多择幽静秀美的山林之地，所谓“三十六洞天”、“七十二福地”，皆神仙所居仙境，盖言其环境之美妙。宫观置深山幽谷者，可得教门清静，置闹市者，可广收善男信女。

江陵古城为春秋时楚成王（公元前671—前626年）的渚宫（《左传·文公十年》）故址，小洲曰渚，在水中，是为水上离宫。楚幽王元年（公元前237年）在渚宫所在地初立城郭，为江陵建城之始。该城位于江（长江）湖

图2-1 远眺开元观

开元观位于江陵古城西门内北侧。一门三殿依中轴而立，东面的展览大楼古色古香，庭院内花卉林木葱翠，景色秀丽。

（云梦古泽）汇合处，城垣依湖就势，随水而宜，湖、城水市相连，突破了《考工记》中规定的几何形格局，城为东西长，南北短的不规则长方形。护城河西通太湖，北连长湖，与古运河相通。据考，当年开挖护城河时可能是将天然水面串连而成，河道线形不规则，却形成了曲折多致的水面。有的城段跨河而筑，城垣内外水势浩渺。城内原有大小水面数十处，至今尚存西湖、北湖、关公洗马池、泮池、东湖等水面及不少池塘，是典型水景城市。唐张九龄任荆州长史时，描写当时的水城风光："云霞千里开，洲渚万形出。淡淡澄红漫，飞飞渡鸟疾。邑人半舻舰，津树多枫橘"（《登郡城南楼》）。诗人杜甫写下了不少在荆州游湖的诗篇，"玉樽移晚兴，桂楫带酣歌。春日繁鱼

图2-2 玄妙观玉皇阁与紫皇殿

玄妙观以玉皇阁为主体，紫皇殿背倚城垣，玉皇阁、三天门、紫皇殿造型优美，两侧水体风光广阔，林木成行，景色秀美。

a

b

图2-3 太晖观金殿远眺

太晖观金殿位于太晖山顶的高台中央，前有朝圣门，左右有配殿，建筑玲珑奇巧；东、西、北三面帏城高耸。远山近水，台东清水一泓，碧波涟漪，倒影绰约多姿，富有动感。

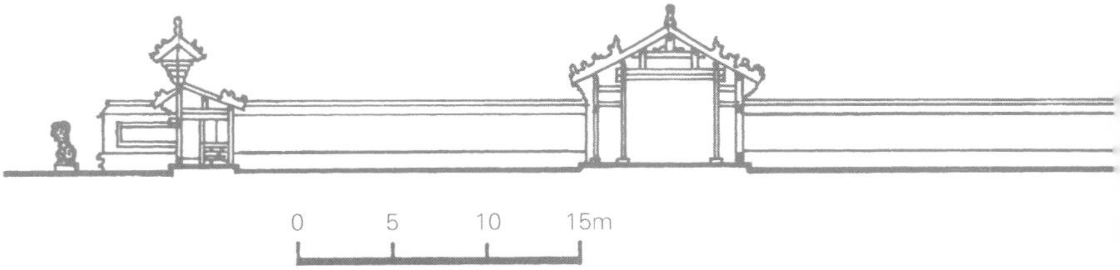

鸟，江天足芰荷”（《暮春陪李尚书、李中丞过郑监湖亭泛舟》）。每当朝霞映空，云雾缥缈之际，若站在大北门城楼上远眺，城内外景色在目，护城河像银蛇将古城环绕，莺歌燕舞，柳暗花明。江陵古城其自然环境虽少天然山林，却是水的世界，别有一种明阔幽静的韵味。三观的选址皆择水而居，近水营造是为三观独具的环境特色。

开元观南为西湖，北为北湖，背倚城垣，以卸甲山（在南面，传三国时大将关羽卸甲于此）、余烈阁（在北面，为纪念关羽的小庙，已毁）为对景，与大北门朝宗楼和西门九阳楼呈犄角之势。这里湖光山色相映，林木葱翠，富有诗情画意。

玄妙观背倚城垣，以玉皇阁为主体，两侧水面辽阔，丛竹飒飒，松柏森森，潭水清碧，景色秀丽。与大北门朝宗楼、小北门景龙楼互为对景。

图2-4 开元观纵剖面图

开元观主体建筑依中轴线筑起递次上升的台基，最北端置高台，上建祖师殿，内奉真武大帝，象征镇守北方，求得南北平衡，北方象征水，水克火（南），以求宫观免遭火灾。（李德喜据荆州博物馆资料绘制）

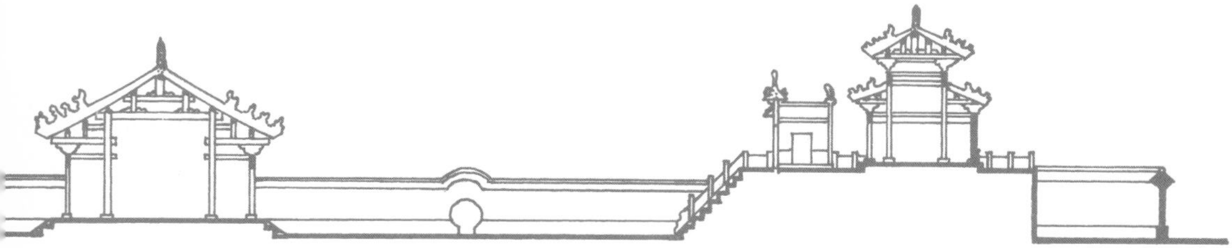

太晖观在古城西郊太湖港北岸的太晖山上，山势自西北的八岭山冈阜绵延至此。“远树龙山画，严城蜀水流”（清方象瑛《太晖观》诗），远山近水蔚为秀丽的自然景观。金殿东有清泓一面，倒影婆娑，观前有流水小桥。《江陵县志》卷五十七，寺观云：四周“苍松茂柏，日影迷离。每当春暮，游人四布林野，百戏竞陈，金翠歌讴，欢连宵旦。”南边的太湖港与护城河相连，为天然的水景游览区。当曙光初照，登城远眺，高台殿阁隐现于彩曦晨雾之中，宛如仙山琼阁。一俟薄雾消散，霞光普照、闪闪的金殿更如天宫忽显，气宇非凡。

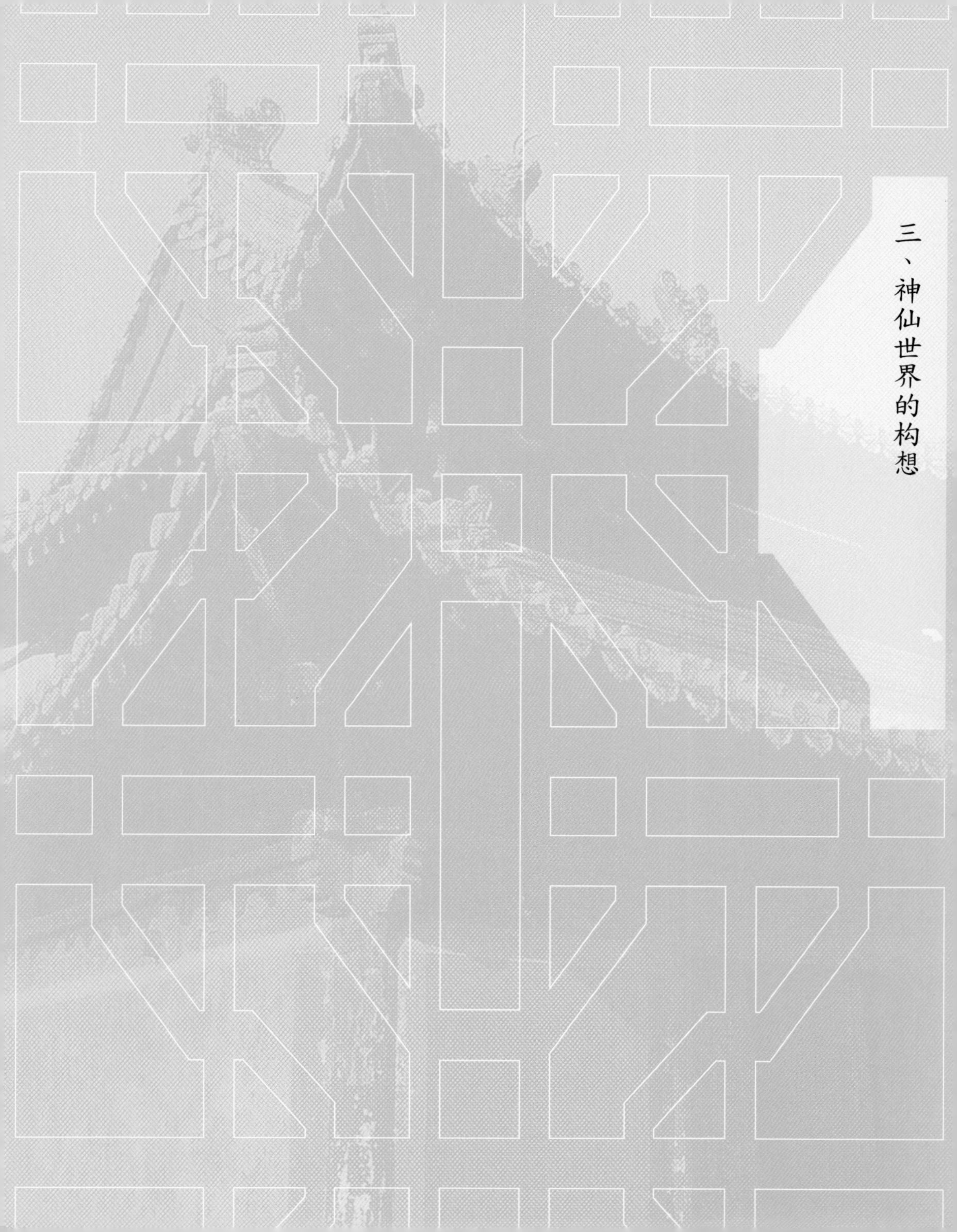

三、神仙世界的构想

道教宫观是从早期的宫殿、庙宇、祭坛等建筑发展演变而来，它继承了传统的院落式布局，沿纵轴线和横轴线展开，由一个个大大小小的四合院，组成多彩的庭院式建筑群体。道教宫观的总体布局一般为：入口山门（或龙虎殿），山门内中庭有几座大的殿堂，两侧为配殿。较大的宫观，有东西跨院。道士生活用房多在东跨院，按照阴阳五行之说，东方青龙为木，属阳，合乎道士修炼达于“纯阳”之境，返还于道的目的。西跨院则为香客们的住处。外有墓地（塔院）和园林。

江陵三观总体布局渗透了“前低后高、世出英豪”、“前窄后宽，富贵如山”的设计意识，主体建筑依中轴线建于次第上升的台基上，体现升腾超脱、登极入幻的神仙意境。古

图3–1 开元观高台建筑
祖师殿雄踞砖砌凸形高台之中，台南北长19米，东西宽16米，高4米，左右配殿拱卫，中设天门，象征天宫的南天门，四周绕以石栏，周围苍松翠柏，环境优雅。

a

b

图3-2 开元观天门

天门位于北端高台南中央，砖石结构牌楼式，三楼，庑殿顶，中间为门道，正中镌“天门”石匾，前设月台，绕以石栏。南设青石台阶，两旁安有精美的石栏望柱。

代的高台建筑是为了获得高的视点，有“近天”之意，是祭祀神仙的处所。道教以神仙思想为中心，贵生重生，以得道成仙为终极目的。台，就成为象征修道之士功德圆满者升天处。江陵无高山，没有可供道士成仙飞升的自然条件，在道观中筑高台建殿更显得重要。楚人好巫、道，故尤见特出。开元观、玄妙观的高台建筑还弥补了古城西北、中北部陋街委巷的低矮状态，造成了高低起伏的古城天际线。

三观总体布局又以八卦方位为准，乾南坤北，北阴南阳，以子午线为中轴，主要殿宇皆坐北朝南，适合江陵亚热带气候，具有“背风向阳，纳凉御寒”的实利功能。

开元观中轴线上有山门、四圣殿、三清殿、祖师殿，两侧有配殿（已毁圮）。山门与雷神殿构成第一进院落，雷神殿面阔、进深俱三间。内供雷神，为硬山式绿琉璃瓦顶。穿过雷神殿至三清殿，殿面阔五间，深三间，为单檐歇山顶，檐下施斗栱，上覆绿琉璃瓦，砖砌台基，高1米，古朴端庄。出三清殿，至祖师殿，平面方形，为重檐歇山绿琉璃瓦顶，殿前台沿有一仿木构砖石门楼，曰“天门”，为庑殿顶，脊饰蟠龙，似欲腾空而去。门、殿之间有左右配殿，形成小四合院。

玄妙观的中轴线上原有山门、四圣殿、三清殿、玉皇阁、玄武阁（紫皇殿）及左右廊庑、道房、圣母、梓潼殿等，现大多毁圮，仅存有明万历八年（1580年）重建的玉皇阁和清

a

b

图3-3 开元观天门脊饰

天门为砖石结构，三楼，庑殿顶，正脊两端饰龙形吻兽，鳞甲飞动，似欲腾空而去。羽化升天本是道教“天人合一”的最高境界。楚地喜龙、爱凤思想在道教建筑中得到了体现。

图3-4 玄妙观高台建筑三天门/后页

紫皇殿位于北端高台中央，背倚北城垣。台南北长23米，东西宽19.8米，高6.1米。三天门矗立在台南中央，前设月台，绕以石栏；东、西、北围以矮墙，前设台阶上下，两旁有精美的石栏。

图3-5 玄妙观紫皇殿/上图

紫皇殿依明（玄武阁）旧基重建于清乾隆五十年（1785年），方形平面，面宽与高度之比呈正方形，深含比例之妙。重檐歇山式黄琉璃瓦顶，斗栱飞檐，前檐明间装修槅扇门。

图3-6 玄妙观紫皇殿上下檐斗栱/下图

紫皇殿上檐施五踩双昂斗栱，里外出二跳，每跳合5斗口，第一跳合3.5斗口；高0.8米。下檐施三踩单翘斗栱，前后出一跳，合6斗口，高0.45米，比官式规定都大，颇具地方特色。

构紫皇殿。1928年重建山门，门前有一对守护的石狮。穿过山门至玉皇阁，平面方形，为三重檐黄琉璃攒尖顶，施斗栱，砖砌台基，高1.5米。压轴的高台上有玄武阁，清乾隆五十年（1785年）依明基重建，又名紫皇殿。平面方形，为重檐黄琉璃瓦顶。台南正中是一座仿木构砖石牌楼门，为三间三楼，当心间高为歇山顶，两侧间略低为硬山顶。三间门洞均设券门，中门上方镌“三天门”石匾。门楼两旁和东、西、北三面用短墙围护。

太晖观为明藩王朱柏始建，在三观中规模最大。主要建筑分布在层层抬高的中轴线上，颇富韵律感和节奏感。计有观桥、山门、四圣殿、会仙桥、石牌坊、三清殿、玉皇阁、雷神殿、观音殿、石牌坊、金殿等。原来在山门内两侧还有钟、鼓楼和东、西配殿，东宫、西宫等。已毁圮。现存观桥、山门、四圣殿、帏城、金殿、朝圣门，皆明代遗构。轴线以东的文昌宫、药王殿、娘娘殿，则为清代遗构。

图3-7 玄妙观紫皇殿梁架纵剖面图

紫皇殿梁架采用穿斗式构架，歇山做法采用庑殿顶推山做法，向两端延长桁条，使之向外推出达0.8米，将山花板推到挑檐桁以外，可谓“歇山亦推山”的荆楚奇构。（李德喜据实测图绘制）

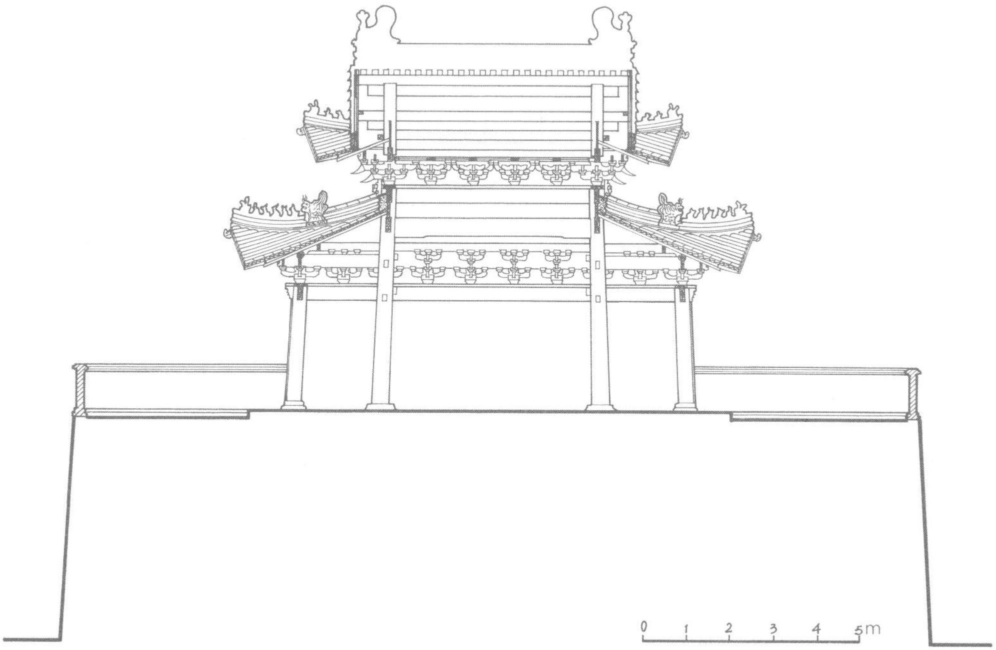

图3-8 玄妙观三天门/对面页
三天门耸立在北端高台中央，砖石仿木结构，明间高，歇山顶，两侧间低，硬山顶。三间各开半圆形券门，正中镌“三天门”石匾，前后额枋上有二龙戏珠和双凤朝阳石雕图案。

山门前有一单孔石桥跨溪，桥为清乾隆十三年（1748年）里人王作恺重修。进山门后为四圣殿，为硬山式，面阔三间，顶覆青瓦，出四圣殿过桥，经四殿、二牌坊，即到高台下的庭院，再攀登高达9米的陡峻台阶，进朝圣门，才能礼拜真武大帝。高台为方形，东、西、北三面有砖砌城垣，城帏城。金殿即坐落在高台的后部砖砌台基上。殿为重檐歇山顶，上覆镏金铜瓦，施斗栱，雕梁画栋，颇为壮观。台南有砖石牌楼门一座，三间三楼，三券门，中心间高，为歇山顶，侧间略低，为硬山顶。中门上方镌“朝圣门”石匾一方。檐下砖雕斗栱，间以砖雕花卉。牌楼门两侧有卷棚歇山式配殿，为清代重修。

三观的轴线终端均设高台，居高临下，成为寺观的焦点。台的中央均置有方形殿堂：开元观名祖师殿，太晖观名金殿（均祀真武大帝），玄妙观名紫皇殿（祀紫微北极大帝）。台南正中均设小巧玲珑的入口，名称各异。开元观名“天门”（天门即神仙所居天宫的南门，俗称“南天门”）；玄妙观称“三天门”（三天门指三清天，清微天、禹余天、大赤天，是仅次于大罗天的仙界，为神仙所居的最高仙境之门）；太晖观称“朝圣门”（朝圣门即众神朝圣之门）。这个入口的名字虽各不相同，却都点明了主题，所谓“众妙之门”，妙即神仙，进得此门，便进入神仙世界了。

三天門

图3-9 太晖观高台建筑

太晖观高台南北长36.50米，东西宽18.9米，高8米。金殿耸立在台后中央，前有朝圣门，左右配殿。殿门斗栱飞檐，配房、朝圣门造型优美。

四、小、朴、雅的入口

道教宫观，佛教寺庙的入口皆称山门，因宫观寺庙多居幽静秀美的山林之地，故有此称。道教宫观的山门，建筑形制不一，大型宫观多用三间，各开一门，亦称“三门”。这样既符合对称的建筑格局，又喻示“三界”（无极界、太极界、现世界）。只有进了山门，跳出三界，方才称得上真正的出家人。山门内一般塑有青龙、白虎二将，是为道教的护卫神，故亦名龙虎殿。按阴阳五行之说，龙虎者，金木之精，木在东方，喻为青龙；金在四方，喻为白虎，龙虎震威以示，百魔慑服，群妖束形。今三观山门内均无神像，只作为进观的入口，门制结构、式样繁简不一，各具特色。

开元观山门采用带有标志性的牌楼式，为四柱三间三楼木结构，中间高，为庑殿式绿琉璃瓦顶，两边低，为悬山式顶。明间施六朵如意斗栱。如意斗栱多用于牌坊（木、石）和室内藻井中，最早出现于宋代，明、清时普遍使

图4-1 开元观山门
山门四柱三间三楼牌坊式门楼结构。明间设板门，两侧后迤为室，单坡屋顶，檐下安如意斗栱，明间庑殿顶，左右悬山顶，翼角飞翘，吻兽交错，两弯八字影壁，门前一对石狮，象征守卫。

图4-2 开元观山门斗栱

开元观山门明间施六攒九踩如意斗栱，高1米，前后左右各挑出0.62米，每层出45° 斜栱，似芙蓉朵朵，竞相开放。次间施七踩三翘斗栱三攒。明、次间斗栱形制各异，作用相同。

图4-3 玄妙观山门
山门由三间堂屋，左右厢房组成，堂屋明间上方又升起一个小歇山顶，堂屋亦为歇山式屋顶，厢房为硬山式屋顶。屋顶高低错落，脊饰鱼龙形吻兽，翼角高翘，生动别致。

用。山门面阔与高度之比为3：2，近于黄金分割，外观舒展大方。门前有一对石狮，象征守护和辟邪。石狮系明代遗物，高1.7米，雄狮脚玩绣球，雌狮抱一小狮玩耍，神态自若，十分可爱。

玄妙观山门系1987年重建，以清代早期建筑为蓝本，面阔三间，屋顶为颇具荆楚地方风格的歇山式，明间上方升起一小歇山顶，檐下施三踩斗栱承托檩子，为荆楚地区常见形式，在佛寺道观，文庙大殿，戏楼等建筑中常用。山门左右有厢房，为硬山顶。山门为抬梁式构架，室内无天花，是彻上露明造。明间前后装修板门和隔扇门，次间和厢房前后檐有槛窗，两山用砖墙封护。屋顶覆灰色筒板瓦。门内外木结构髹铁红色油漆，椽头饰以青绿彩画。

图4-4 太晖观山门

山门为砖石仿木结构，面阔三间，进深一间，中间歇山顶，左右硬山顶。三间开半圆形券门，正中镌“太晖观”石匾。两旁八字影壁，观前小溪上横卧一石桥，状如飞虹。

太晖观山门为砖石牌楼式，三间三楼，中间高为歇山顶，两侧间低为硬山顶。在券形门洞中设板门。中门上镌“太晖观”石匾。建筑的基座是典型的明代须弥座，门前临溪架桥。

三观山门东西两侧均有八字形砖影壁。太晖观山门影壁基座是典型的明式须弥座，座上砖心及顶上的线角，椽头、瓦饰皆极精致，颇具皇家气派。这种在入口处的八字形影壁，给人以雄伟、壮丽之感，是荆楚地区宫观寺庙和民宅等常用的一种形制。

图4-5 太晖观山门斗栱

山门前后檐施28攒三踩单昂砖雕斗栱。明间斗栱高32厘米，宽57厘米，昂嘴做成花草形。次间斗栱高32厘米，宽51厘米，昂嘴做成象鼻形。

五、开元观三清殿

三清殿是道教宫观中的主殿，体量最大，规格最高，制作最精，位置亦最突出，如佛寺的大雄宝殿。三清殿内供奉道教最高尊神——三清（元始天尊、灵宝天尊、道德天尊），故名。此殿常建在四圣殿或四御殿（奉道教护卫神）之后，玉皇阁（奉玉皇大帝）之前。三观三清殿现仅开元观尚存，还能让人们了解这类主殿的情况。该殿面阔五间，进深三间，为单檐歇山式绿琉璃瓦顶，檐下施五踩重翘斗栱，屋顶举折平缓，出檐深远。殿内外木构髹铁红色漆，无彩画。铁红色的柱子和红土色墙面，青灰色的台基，色调调和，外观庄重古朴。前后檐明间前设垂带台阶。主殿与左右配殿形成30米深的庭院，供道士做醮，陈设法器和执事人员活动。

殿内以24根立柱组成抬梁式构架，空间宽敞，室内无天花，为彻上露明造，与一般主殿不同。殿内供三清尊神，三清主管三天仙境，元始天尊治清微天玉清境，为道教第一尊神，实际上是道教创造的上帝，供于殿内神台中央；灵宝天尊治禹余天上清境，为第二尊神，供在元始天尊之左；道德天尊治大赤天太清境，俗名太上老君，即人们熟知的老子。道教初尊老子为祖师，以其《道德经》为经典。后来受佛教影响，以为老子一人比不上佛寺大雄宝殿中的一佛二弟子、一佛二菩萨、三世佛、三身佛气派，于是创造出元始天尊和灵宝天尊，老子屈居第三位，供在元始天尊之右。但在民间信仰中仍具有特殊的尊位。从古至今，道教徒们都相信老子是“无极大道”的化身，

a

b

图5–1 开元观三清殿

三清殿面宽五间，21米，深三间，13.6米，总高11米，单檐歇山式绿琉璃瓦顶，抬梁式构架，室内不设天花，为彻上露明造，檐下施五踩重翘斗栱，前后檐装修槅扇门窗，砖石台基，古朴庄重。

永世长存，为常分身救世的至尊天神。至今，全国各地仍保留着许多太清宫、太清观、老君殿、老君堂等专供老子的殿堂。道教中又有“一气化三清”之说，谓“三清”都是元始天尊的化身，是受佛教“三世佛”、“三身佛”的影响所致。三清殿内的三清尊神早已毁圮。现在的神台上有刘备智结鸾缘组像，是现代塑造的，与道教并无关系。

图5-2 开元观三清殿内景

三清殿内24根立柱排列整齐，组成抬梁式构架，殿内为彻上露明造，室内空间高大宽敞，方砖墁铺，明间后金柱间用砖墙间隔，前设神台，供三清神像。惜神像早已毁圮。

图5–3 开元观三清殿斗栱/上图

三清殿檐下施五踩双翘斗栱，斗栱总高85厘米。斗栱做法与官式不同，少一层撑头木，因此少一层内、外万栱，这是湖北地区常用的手法。

图5–4 开元观三清殿门窗/下图

三清殿前后檐明间、前檐次间装修五抹头隔扇门，后檐次间、前后檐梢间装修三抹头隔扇窗。门、窗隔心用菱形花纹，裙板用细木条做成如意云头，形式古朴。

图5-5 开元观山门石狮

六、玄妙观玉皇阁

太晖观玉皇阁已毁圮，现仅玄妙观中存玉皇阁，内供玉皇大帝。该阁面阔、进深俱三间，宽14米；砖砌台基高1.5米，前后明间设垂带踏跺，为三重檐攒尖顶，总高15米。三重檐从大到小，状如宝塔。各层檐下施五踩重翘斗栱，排列比官式建筑疏朗。下层前后明间开券门，安板门，其余用砖墙封闭，粉饰铁红色；中层四周明间装槛窗，次间装走马板；上层四周安槛窗。屋顶皆覆黄琉璃瓦，顶端承托一青铜镏金宝顶，铸有“大明万历庚辰年十二月吉日”字样。宝顶高1.5米，分三节，下为盝顶式座，中为仰莲，上为宝珠，仿佛是一顶皇冠，在阳光照耀下，熠熠生辉。阁内外木构刷铁红色油漆，原饰彩画已被烟熏黑，难以辨认。玉皇阁与北端高台上的紫皇殿相互辉映，在北城垣林木葱翠的衬托下，益显壮观。

室内四根金柱直抵上层檐下，用枋木组成“井”字构架，内部空间高大宽敞，是供奉神像的理想场所。金柱和檐柱都有侧脚，向中心倾斜，以增强建筑的

图6-1 玄妙观玉皇阁

玉皇阁坐落在砖石台基之上，方形平面，三层檐四角攒尖黄琉璃瓦顶，翘角飞檐，屋顶托一青铜宝顶，在骄阳的照耀下，光彩夺目。前后明间开半圆形券门，其余用砖墙封护，前后设垂带踏跺上下。

稳定性。室内高三层，上层装井口天花，中层铺楼板，可登楼远眺，下层四周（檐柱与金柱间）设有围楼，供信徒们登楼瞻望玉皇大帝尊容而设。玉皇大帝本为辅佐三清尊神的四位天神之一，与中天紫微北极太皇大帝、勾陈上宫南极天皇大帝、承天效法后土皇地祇，合称四御，地位仅次于三清。但玉皇大帝在世俗百姓心目中，却是地位最高，权力最大的神，是人间帝王的化身。民谚有"天上有玉皇，地下有皇帝"。唐代著名诗人白居易《梦仙》有"仰谒玉皇帝，稽首前致诚"的诗句。相传他总管三界（上、中、下）和十方（四方、四维、上下），四生（胎生、卵生、湿生、化生），六道（天、人、魔、地狱、畜生、饿鬼）的吉凶祸福。各地建有不少的玉皇阁、玉皇观、玉皇庙来奉祀。玉皇大帝着九章法服，顶珠冠冕旒，手奉玉笏，旁立金童、玉女，全是人间帝王的形态。玉皇大帝的生日是正月初九，每逢

图6-2 玄妙观玉皇阁斗栱

玉玉皇阁三层檐下均施五踩重翘斗栱，斗口宽7厘米，拽架25厘米，总高80厘米，上层平身科，内外无厢栱，形制殊异。

图6-3 玄妙观玉皇阁宝顶

玉皇阁四周攒尖顶上托一青铜宝顶，高1.5米，分三节，下为盝顶式座，四角吞脊，中为仰莲，上为宝珠，上大下小，呈半圆形。为明万历年间遗物。

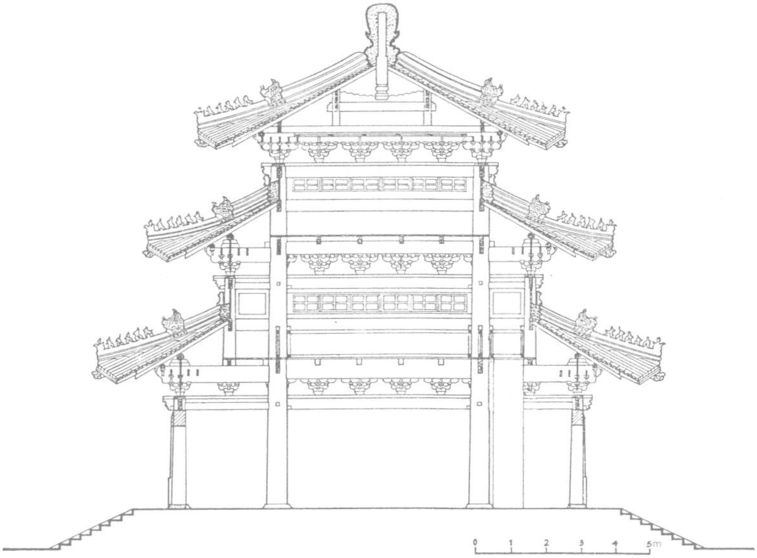

图6-4 玄妙观玉皇阁梁架剖面图

玉皇阁面阔、进深均为三间，方形平面，三层四角攒尖顶，总高15米，四根金柱直通上层檐下，四角角梁交于雷公柱上，三层透空，上设天花，二层设围楼，室内空间高大宽敞，是供奉神像的理想场所。（李德喜据实测图绘制）

“玉皇诞”节，接受民众的祭祀祈祷。道教宫观中便为之举行祝寿道场，诵经礼忏，祈祷风调雨顺、道法兴隆、国泰民安。阁内玉皇大帝神像早已毁圮。

七、太晖观金殿

金殿，因覆盖镏金铜瓦而得名，又称“小金顶”（大金顶指湖北武当山天柱峰上金殿）。金殿坐落在北端高台上，内奉真武大帝，象征镇守北方。真武，原名玄武。源于中国古代星辰崇拜和动物崇拜。玄武为龟蛇体，同青龙、白虎、朱雀合称四方之神。最初，玄武与青龙、朱雀、白虎同为道教的护法神，是普通的小神。《抱朴子》描述老子形象时说：“前有二十四朱雀，后有七十二玄武”。后来吸收汉代纬书中“北方黑帝，体为玄武”的说法，加以人格化，方才成为道教的大神。宋真宗时因避族祖赵玄郎讳，将玄武改为“真武”，沿用至今。后道教又有附会之说，谓黄帝时，玄武脱胎净乐国王善胜皇后，产太子于左肋。长而勇猛，不统王位，誓愿斩尽天下妖魔。后得玉清圣祖紫元君传授无极上道，又遇天神授以宝剑，入太和山修炼，历42年功成圆满，白日飞升。玉皇大帝敕镇北方，以为玄天上帝。宋天禧年间（1017—1021年）中，诏封“真武灵应真君”。元朝大德七年（1303年）加封为“元圣仁威玄天上帝”。明成祖朱棣特加封为“北极镇天真武玄天上帝”。

图7-1 太晖观金殿廊内斗栱
金殿回廊内檐柱内侧施五踩如意斗栱，老檐柱外侧施一斗二升异形斗栱。柱头科上承双步梁，其上架月梁，承托卷棚轩檩椽，将斗栱的装饰效果表现得极为充分。

图7-2 太晖观金殿

金殿建于明洪武年间，方形平面，四周带回廊，重檐歇山顶黄琉璃瓦顶。前檐四根檐柱和后檐两根角柱上端浮雕蟠龙，使大殿整体结构静中有动。上檐施五踩重昂斗栱，前檐装修五抹头槅扇门，古朴典雅。

图7-3 太晖观朝圣门

朝圣门耸立在高台南中央，砖石仿木结构，面阔三间，进深一间，中间歇山顶，左右硬山顶，开三个半圆形券门，正中镌“朝圣门”石匾，左右配殿拱卫。前有月台，三面有青石阶梯上下，两旁设精美栏杆。

太晖观金殿的高台平面为凸字形，南北长38.3米，东西宽18.9米，高9米，全用条石砌筑。台中央南端为朝圣门，门前有凸形月台，南面有石钩栏，南、东、西三面有青石台阶。门的左右有配殿，如同古代的阙式。阙，亦称门观。崔豹《古今注》：“阙，观也。古者每门树两观于前所示标明宫门也，其上可居，登之可望，人臣将朝，至此则思其所阙。”看来古代的阙既是门的标志，又具有一种警示作用。金殿置在台的后部，台东、西、北三面用青砖砌筑城垣，高3米，上有雉堞，高0.3米，显得十分封闭，今保存完好。城垣内壁镶嵌五百石雕描金灵官，石像采用高浮雕，造型优美，神态各异，雕刻精细。灵官本天府之神，主治人身外之事，如守卫人身形、舍宇、治邑、四墟等，具有神秘的宗教色彩。道教宫观中供奉五百灵官，纯系受佛教寺院五百罗汉影响所致。朝圣门系众神朝圣之门，入此门，即暗示“升天”。城垣内壁五百灵官和金殿内的旺盛香火，以及城垣东、西、北化纸炉中烟雾缭绕，令人于此仿佛进入云雾中的天宫，具有十分强烈的宗教氛围。

图7-4 太晖观朝圣门斗栱/上图

朝圣门前后檐共用32朵斗栱。明间双翘栱，高46厘米，宽36厘米。次间三踩单翘，高25厘米，宽43厘米。斗栱间装饰三角形砖雕花卉，雕工精细。

图7-5 太晖观金殿帏城五百灵官/下图

太晖观金殿帏城内壁镶嵌五百石雕描金灵官，高35厘米，宽20厘米，形态各异。

金殿平面为方形，重檐歇山顶，面阔进深均为三间，四周环以12根青石檐柱的回廊，在我国现存明清建筑中实属少见，十分珍贵。廊内用五踩如意斗栱承托卷棚轩。正面四根前檐柱和后檐两根角柱上端雕有穿云蟠龙，龙头上昂，伸出柱

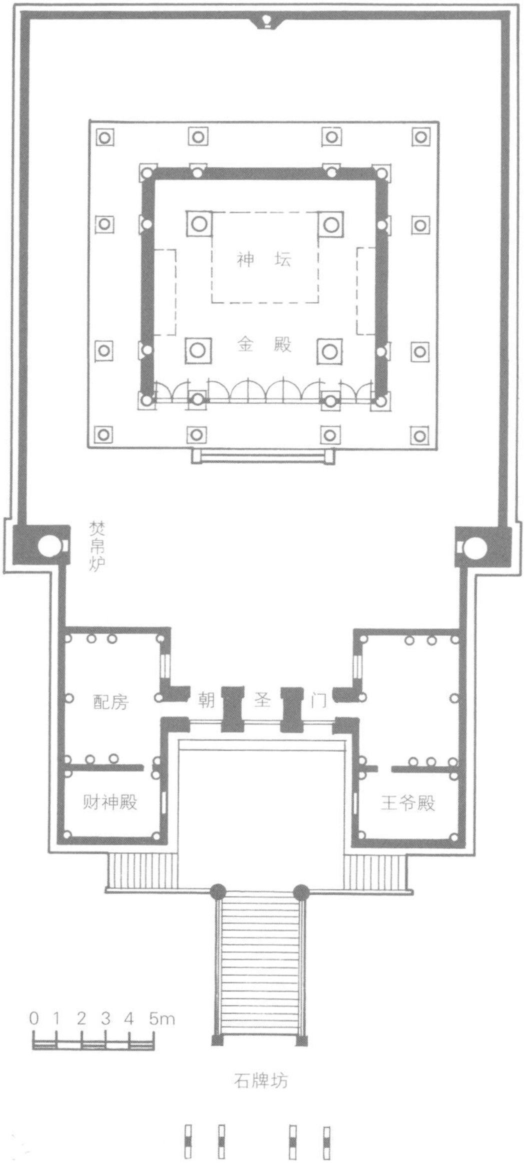

图7-6 太晖观高台平面布局图

太晖观高台平面成“凸”字形，条石砌筑。朝圣门前留有月台，门左右置东西配殿。金殿居高台后部中央，三间带回廊。东、西、北三面用砖砌城垣。殿前东、西城垣上设焚帛炉。高台南、东、西各设台阶。台阶前原有石牌坊，后被毁圮。（李德喜据实测图绘制）

图7-7 太晖观金殿室内品字斗栱

太晖观金殿室内四根金柱额枋上施五踩重翘品字斗栱20攒，斗栱四面出翘，各挑出50厘米，上承天花枋。品字斗栱不仅有很强的装饰作用，而且满足了梁架下部结构，真可谓一举两得。（李德喜据实测图绘制）

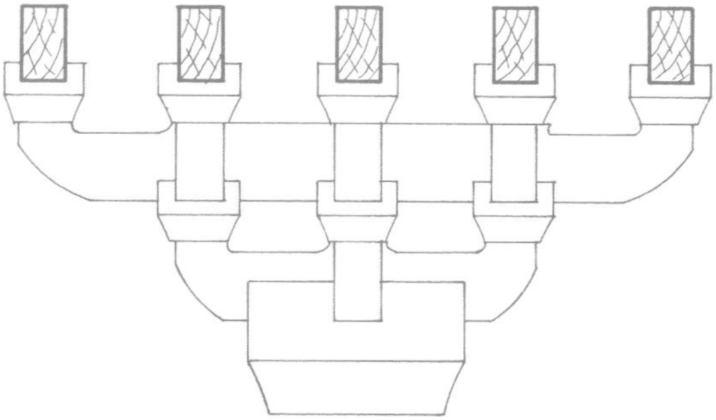

图7-8 太晖观金殿横剖面图

太晖观金殿面阔、进深皆三间，四周回廊，重檐歇山顶，穿斗式构架，抬梁式平面布局。下檐外无斗栱，内用五踩如意斗栱承托卷棚轩。上檐外施五踩重昂斗栱，室内金柱额枋上用品字斗栱承托天花枋、廊柱、金柱下皆有柱槚。（李德喜据实测图绘制）

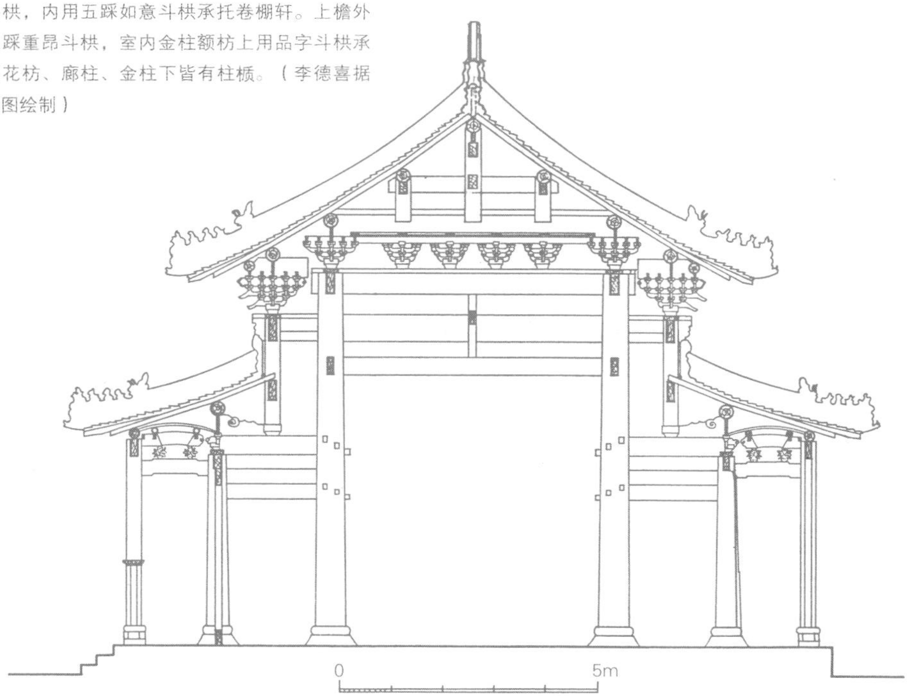

图7-9 太晖观高台庭院
太晖观高台平面呈凸形，金殿居台中央后部，前置门楼，左右有配殿。殿、门、配殿与城垣组成庭院，庭院尺度适宜，建筑布局严谨，殿阁玲珑，好似一座小巧玲珑的天宫琼阁，具有神秘的宗教色彩。

图7-10 太晖观金殿内景/对面页
金殿室内高二层，空间高大，额枋上用品字斗栱承托天花枋，木构髹铁红色漆，遍饰彩画。地面方石墁铺，靠后金柱设一石砌神台，上塑神像五尊。神像早已毁圮。

外尺许，使整体造型静中有动，极具地方特色。殿内四根金柱直通上层檐下，用枋木构成“井”字形构架。殿内空间宽敞高大，具有向上感。檐柱、金柱均有侧脚，向中心倾斜。前檐装修隔扇门，其他三面均用砖墙封护。殿下檐不施斗栱，上檐施五踩重昂斗栱，将人们的视线引向高空，使斗栱的装饰作用得到了充分发挥。屋顶为重檐歇山，原覆镏金铜瓦，当骄阳映照，闪光夺目。据清乾隆四十九年（1784年）纪事碑文（现存金殿西墙上）载：金殿旧铜瓦1068块，新添铜瓦436块，合计1504块。乾隆后，铜瓦陆续被盗光，仅存善男信女们捐送的铁瓦。铁瓦长80厘米，宽16厘米，现屋顶上仍有铁瓦覆盖。正脊两端鱼龙形大吻，脊中央安火珠，上下戗脊安戗兽、走兽。

室内二层，额枋上用五踩品字斗栱承托室内天花枋。品字斗栱只用翘，不用

昂，四向相同。品字斗栱增强了室内的装饰感。加强了大梁中间的支点。室内外木构髹铁红色油漆，外檐上层檐斗栱、栱眼壁板，椽头原饰有彩画，已剥落。下檐额枋外侧雕刻各种花纹图案，外涂桐油。室内额枋以上，天花板以下，遍饰彩画。四根金柱为朱红漆地沥粉贴金卷云纹图案，云朵由三片、四片组成，线条流畅。明间额枋绘双龙戏珠云纹图案，双龙穿行于云雾之中，枋底绘长流水。角梁枋绘西番莲卷草花纹。天花板绘云龙纹图案，沥粉贴金，龙姿态各异，栩栩如生。四角配以卷云纹。室内斗栱为青绿色。地面用方石墁铺，靠金柱设一石砌神台。原有塑像五尊，中为真武大帝，披发黑衣，金甲玉带，仗剑怒目，足踏玄武，左有周公握卷、太乙执旗；右有桃花捧印、天罡举剑。靠东、西墙又各有一小神台，上塑天王、力士。现殿内神像早已毁圮。

八、开元观祖师殿

祖师殿因供真武祖师，故名。祖师殿高台平面呈凸字形，高4米，南北长19米，东西宽16米。台南沿有仿木牌坊式砖石门楼。正面额“天门”，背面额“阊阖云宫”。阊阖，传说中的天门。《楚辞·离骚》：“吾令帝阍开关兮，倚阊阖而望予。”王逸注：“阊阖，天门也。”洪兴祖补注：“天门，上帝所居紫微宫门也。”门前留有月台，深2米，东西宽8米，呈凸形，台东、西、南围以钩栏，台南正中设青石台阶。门内左右有配殿，皆单间，为硬山绿琉璃瓦顶，脊饰龙形吻。殿与门、配殿组成小院，使人感到十分亲切。殿东、西、北围以钩栏，目的是开阔视野，凭栏远眺，湖光城色使人顿觉心旷神怡，大北门城楼和余烈阁皆收眼底。

图8-1 开元观雷神殿

雷神殿面阔与进深均为三间，矩形平面，抬梁式构架，高约8.5米，硬山式绿琉璃瓦顶，正脊两端饰龙形大吻，前檐装饰修槅扇门窗，后檐明间开半圆形券门。

图8-2 太晖观内朝拜的信徒

太晖观中轴线上布置有送子观音殿堂，加之有“赛武当”、“小金顶”之美名。每逢初一、十五，那些渴望生儿育女、消灾祈福的善男信女们来这里烧香拜神，求“福水”（实为自来水）的人们络绎不绝，这里香火缭绕，爆竹响彻云霄，热闹非凡。

殿的平面为方形，面阔进深皆三间，重檐歇山顶，绿琉璃瓦顶，脊饰蟠龙大吻。殿高10米，面阔与高之比略呈方形，显得小巧。下层檐下施三踩斗栱，上层檐下施五踩重昂斗栱，屋顶举折平缓。室内四根金柱直通上层檐下，上用穿斗式梁架。室内装修井口天花，室内外木构均髹铁红色漆，上绘青绿色彩画，现外檐彩画已剥落。室内额枋绘苏式彩画，天花板上绘五色龙凤纹图案，由十五条金龙和二十只凤凰组成，龙飞凤舞，形象极为生动。道教最高境界就是羽化升天，乘龙跨凤升天的思想在这里得到了抒发。室内神台上原塑有真武神像，但早已毁圮。现该殿已作三国史迹人物陈列室之一，内塑一尊关羽大将坐像，身着铠甲，头戴官帽，怒目圆睁。

九、玄妙观紫皇殿

图9-1 开元观铜钟

开元观铜钟高1.7米，口径1.15米，上铸双龙钮，下铸八卦，太阳图形，上有“大明惠器”等铸字。

图9-2 玄妙观铜钟/对面页

玄妙观铜钟原置三清殿内，供道士演法时用。现存观内高台上。铸于清康熙三十三年（1694年），高1.5米，口径1.2米，上铸双龙钮，下铸八卦，太阳图形。

明代名玄武阁，清乾隆五十年（1785年）重建，内祀紫微北极大帝。殿台南北长23米，东西宽19.8米，高6.1米，砖砌台基。台南沿有砖石门楼，殿前左右无配殿。门楼前留1米宽的月台，围以钩栏。门楼东西两侧有高2米的围墙，上覆黄琉璃瓦。余三面用短墙围护。凭墙远眺，湖光城色，皆收眼底。门前设青石台阶，供人上下。

殿平面方形，面阔与进深皆三间，为重檐歇山，黄琉璃瓦顶。屋檐挑出深远：下檐施三踩单翘斗栱，挑出达6斗口（官式规定为3斗口）；上檐施五踩重昂斗栱，每踩挑出5斗

口。此殿歇山顶的最大特色是采用了推山做法，即将正脊两端向外推出80厘米。因为三开间的屋脊太短，歇山顶显得瘦削，故采用了这种校正视觉的做法。

室内四根金柱直通上层斗栱，斗栱以上为穿斗式构架。室内空间高大宽敞，中央设井口天花。殿内外木构髹铁红色漆，间饰青绿彩画。室内额枋绘双龙戏珠云纹图案，龙身沥粉贴金。金柱满饰卷云纹图案，云朵仅三四片，线条流畅。天花板上绘有八卦、道八宝（暗八仙）、法器等纹样。外檐上层栱眼壁板绘制花鸟鱼虫、文房四宝及几何纹，题材变化自由，内容多彩。青灰色的高台、青白色的钩栏，铁红色的墙、柱、檐下间以青、绿彩绘，黄琉璃瓦顶，在湛蓝色天空背景下，益显灿烂夺目，与殿前的玉皇阁相呼应。

殿内所供紫皇是道教最高尊神之一。《秘要经》：“太清九宫，皆有僚属，其最高者为太皇、紫皇、玉皇。”紫皇是辅佐三清的四御之中第二位尊神，名中天紫微北极大帝。北极大帝源于古代的星辰崇拜，北极即北极星，或称北辰。《云笈七签》：“北辰星者，众神之本也。”人们认为北辰是永恒之星，位于天中，是为众星之主。古代星象说，认为紫微垣（紫微宫）是上帝所居。道经说，北极大帝是元始天尊的化身，仅受玉皇大帝的支配，统帅三界（无极界、太极界、现世界）和山川诸神，是一切之宗主，能呼风唤雨，役使雷电鬼神。可见北极大帝在道教神系中地位仅次于

图9-3 太晖观铜香炉/对面页
太晖观铜香炉通高0.6米，口径0.55米，三足。清乾隆十五年（1750年）铸，两耳上有“太晖仙山”和“弟子桂天祥，法名，现泰敬献”等铸字。说明此香炉原在太晖观内，现陈设在开元观祖师殿前，为“文革”期间荆州博物馆收藏。

乾隆庚午年嘉平月製

三清和玉皇大帝，故供奉于玉皇殿后。在此观中却居于高台之上，可能与楚人尊太乙有关。因紫微北极大帝又名太一。《淮南子》："紫微宫者，太一之居。"《楚辞·九歌·东皇太一篇》："太一，星名，天之尊神。"可见道教宫观殿堂的布局是按神位尊卑而排列。山门（龙虎殿）最前，供奉道教护卫神。四圣殿第二，供奉道教四位护卫神。三清是道教最高尊神，殿在宫观的中央，规格最高，规模最大，如开元观三清殿所然。玉皇大帝虽是辅佐三清的四位尊神之一，但地位次于三清，供奉在三清殿后。紫微北极大帝地位又次于玉皇大帝，便供在玉皇殿之后。相传紫微北极大帝的生日是农历四月十八。这天各道教宫观都要举行祝寿道场，祈求道法兴隆，国泰民安。

图9-4 玄妙观高台庭院

玄妙观高台平面矩形、台南设门楼，三面围以矮墙，紫皇殿居台中，左右无配殿。门楼、矮墙形成殿四周宽敞的空间，供道士们做醮，陈设法器和执事人员活动。

十、杂神殿堂

图10-1 开元观石雕栏板
开元观高台前设有围栏，踏跺两侧安有石栏。栏板分寻杖栏板和整板栏板。栏板花纹有八仙故事、祥禽瑞兽、云纹等图案，雕工精细。望柱头为石榴头。

三观中所供除三清、四御、玉皇、玄武、紫皇等道教尊神外，还有来自民间的俗神和天竺佛国的菩萨。诸如圣母、九天玄女娘娘、文昌帝君、关圣帝君、灵官、药王、武财神、文财神等神像，多位于配殿中，以满足民间祈福消灾，治病发财的心愿。

开元观雷神殿：殿位于山门后第一进庭院中，面阔与进深皆三间，平面矩形，硬山式绿琉璃瓦顶。前檐明间装修隔扇门，次间安槛窗；后檐明间开券门，安板门，其余用砖墙封护，下肩清水墙，上粉刷红土色。殿内无天花，为彻上露明造。殿内明间金柱间用砖墙间隔，前设神台，供奉雷神。雷神是古代神话传说中的司雷之神。《山海经·海内东经》：“雷泽中有雷神，龙身而人头,鼓其腹而发雷

图10-2 开元观三清殿莲花柱础/上图
三清殿莲花柱础，系唐开元年间遗构，极为珍贵。础下方，长、宽0.75米，高0.25米。上覆钵形，上径0.55米，下径0.65米，莲花雕工精良。

图10-3 玄妙观三天门石雕/下图
玄妙观三天门明间额枋正面雕二龙戏珠云纹图案，额枋背面雕双凤朝阳，龙飞凤舞，吉祥如意。下雕仙人云纹图案，刀法细腻，雕工精良。

声”。周秦以后称为“雷师”、“雷公”。人们虔诚地加以奉祀，以为雷神能鉴别善恶，区分良莠，代天主持正义，主天之灾福，掌物掌人，击杀有罪之人。道教吸收了民间对雷神的信仰，加以改造，创造出一个完整的雷部雷系。道经称“九天应元雷声普化天尊”为雷神主宰之神，下统三十六员雷神天君。在道教宫观中专立祠庙供奉之，但在道观中轴线上置殿堂供奉雷神还属少见。殿中原有的神像早已不存。太晖观雷神殿位于中轴线第四进庭院之后（已毁圮）。玄妙观则无此殿。

太晖观观音殿：观世音本是佛教三大菩萨之一（另为文殊、普贤菩萨）。在道教建筑中极少见，但太晖观中轴线上第五进庭院之后却设置了一座观音殿，供奉送子观音菩萨。开元、玄妙二观均无此殿。道教本无司生子之神。民间习俗祀奉碧霞元君、九天玄女娘娘、送子张仙，顺天圣母等，但都不如观音菩萨的名声显赫。道教为了适应世俗“不孝有三，无后为大”的心理需求，争取更多的善男信女，故有些道观中竟设置观音殿。太晖观观音殿香火十分旺盛，每逢初一、十五，来这里敬香拜神的善男信女络绎不绝，烟花爆竹响彻云霄，热闹非凡。至今还流传着“您不来，我不怪，十万八千年年年在”的民谚。

太晖观文昌宫：位于东轴线中部，内奉文昌帝君，故名。殿平面长方形，面阔与进深皆三间，为硬山式青瓦顶。明间抬梁构架，次间为硬山搁檩，这种结构在荆楚地区民间建筑

图10-4 太晖观石雕栏板

太晖观高台前凸出一月台，台上设石栏，三面设台阶，两侧安石栏，石栏整石做成，上雕建筑人物、小桥流水、祥禽瑞兽等花纹图案，望柱为石榴头。

a

图10-5a,b 太晖观金殿盘龙石柱及细部

金殿前檐明间两根和四根角柱上端圆雕蟠龙，龙绕柱身，穿行于云雾之中，鳞甲片片，首上昂，伸出柱外，凌空欲飞，颇具地方特色，盘龙石柱使金殿整体结构静中有动。

中较为普遍采用。文昌本星名，中国古代对斗魁（即魁星）之上的六星的总称，古代星相家认为它是主大贵的吉星。后被道教尊为主宰功名、禄位之神。称其“上主三十三天仙籍，中主人间寿夭祸福，下主十八地狱轮回”。追溯本源，文昌帝君是“文昌星神”与四川地方“梓潼神”相结合产生的。文昌和梓潼帝君同被道教尊为主管功名利禄之神。元仁宗延祐三年加封为“辅元开化文昌司禄宏仁帝君”，自此以后，文昌星神遂与梓潼神合二为一，亦称文昌帝君，旧时天下学宫皆立文昌祠奉祀。道教为适应世俗信仰，也设置文昌宫（如太晖观）和梓潼殿（如玄妙观）奉祀文昌帝君。其神像多为雍容慧颜，坐下驾白驴，两侧有天聋、地哑二神童陪侍。传每年农历二月三日为

b

文昌帝君生日，全国各地都要举行各种形式的祭祀。

太晖观东轴线之后还有一座娘娘殿，内供九天玄女娘娘。殿平面长方形，面阔与进深皆三间，带前廊，硬山青瓦顶。九天玄女娘娘，又名“玄鸟”。传说是商人的祖先。《史记·殷本纪》载，商人的先祖是其母吞玄鸟卵孕生。是商族以鸟为图腾的反映。玄女本是神话中的女神，曾授黄帝兵书，征服蚩尤。后为道教信奉，在女神中地位仅次于西王母的女天神。传说中，玄女娘娘授宋江兵书，命他“替天行道”。后来民间将她改造成为“送子娘娘”，失去了救助危难、谙熟兵法等功力，虽说地位降低了许多，但在善男信女的心目中却显得更加亲切和崇高。

十一、法器陈设

为渲染宗教气氛，道教宫观中多在殿堂内壁绘制以神仙故事为题材的壁画；在室内外陈设蜡台、香炉、宝瓶、海灯、钟、鼓、鼎炉、化纸炉等法器来烘托宗教氛围。

开元观、玄妙观铜钟：钟、鼓原是中国古代的礼乐器，祭祀或宴享时用。大型道教宫观多在山门内左、右侧立钟、鼓楼以悬挂钟、鼓，用作报时、报警、集合的信号。宫观在早晚开禁时要撞钟、击鼓，所谓晨钟暮鼓，以召百灵，以壮威仪，弘山林之气象，虽每日晨昏，不可有缺。太晖观钟、鼓楼20世纪50年代被拆除。开元、玄妙二观无钟鼓楼。钟、鼓在道教中被认为是具有降神除魔的法器，常设在殿堂内，供道士们演法时用。开元观现存铜钟，高1.7米，钮上铸有双龙，钟身铸莲花纹，下铸八卦图形，上铭“大明惠器”。玄妙观现存清康熙三十三年（1694年）铜钟，高1.5米，上带双龙钮（在道教法衣、法器、建筑装饰、

图11-1 太晖观金殿次间木雕
太晖观金殿明间雕二龙戏珠，两次间雕仙鹤。仙鹤翩翩起舞，穿行于云纹之中。仙鹤是阳鸟，飞翔高远，是道士们功德圆满飞升成仙的交通工具。

钟、鼎炉上大多以龙饰为主题）。钟重1250公斤。四周有铭文："荆城之中，玄妙之美，众害毕集，大铸克诚，克诚曰钟，金阙逢闻，上康至国，下济民生，咸求如意，永保安宁，亿万斯年，扣之即应"，及"三清大殿永远供奉"等，说明此钟原在三清殿内，供道士们敲击诵经之用，现在高台上。

图11-2 太晖观金殿金柱下木櫍
柱櫍最早见于殷墟遗址中，铜櫍。木櫍见于宋《营造法式》中，实物见于明代。金殿金柱下木櫍，鼓形，可防潮，兼有装饰效果。

另有一种手柄小钟，名法钟、法铃、三清铃、巫铃等。高约20—30厘米，口径约10厘米。铜质，有柄，钟内有舌，柄上端称作剑，山字形，象征"三清"之意。演法时，道士单手摇钟发出声响，是道教法事仪礼中不可缺少的法器，也是道教音乐中的伴奏法器之一。

太晖观焚香鼎炉：鼎是封建王朝国家和帝

王权力的象征。相传夏禹铸九鼎，历商至周，为传国之重器。道教宫观中常以鼎形香炉作为炼丹用器。《参同契》载："偃月法鼎炉，白虎为熬枢，汞水为流珠。"鼎炉常设在殿堂内或殿外庭院中，供做法事或信徒们焚烧香纸用。清李调元《龙洞》诗："鼎炉烧降香，乍讶双童出。"就是指焚香用的鼎炉。这种鼎炉可有铜铸、铁铸、石雕等多种质地。太晖观清乾隆四十九年（1784年）碑文载："铜鼎香炉，重四十五觔"。现三观仅存一个鼎香炉，通高（带耳）60厘米，口径55厘米，腹径63厘米。两耳上阴刻"太晖仙山，住持胡口瑞，南关内冠带巷，弟子桂天祥，法名现泰敬献"字样；腹部阴刻"清乾隆庚午年嘉平月制"，庚午年为乾隆十五年（1750年）。现藏开元观祖师殿前四合院内。

图11-3 太晖观金殿木雕

金殿下檐额枋四周和底面平雕锦纹、钱纹、菱形纹，中间高浮雕人物故事、建筑、小桥流水、飞禽走兽等图案，构图自由活泼，刀法细腻。图为后檐东次间木雕。

a

b

十二、石雕装饰

图12-1 开元观祖师殿彩画
开元观祖师殿室内额枋以上满饰彩画，唯室内天花板上绘五色龙凤图案，龙飞凤舞，极为精细。

石雕是中国古代建筑中必不可少的组成部分。三观石雕有钩栏，柱础等。玄妙观三天门明间额枋亦为石雕。石雕题材有人物故事、建筑、动植物、自然景色及几何图形等，形式有平雕、浮雕、透雕等。

开元观高台前月台钩栏：栏板式样有寻杖栏板和整板栏板。寻杖栏板分上下两部分，上部中间雕一净瓶，两端各雕半个净瓶，瓶上浮雕云纹；下部“落盘子”透空。整板栏板上圆下方，四周平雕方框，框内浮雕花纹有：八仙故事、祥禽瑞兽、云纹、菱形几何纹等，皆生动别致。望柱头为石榴头。

开元观三清殿莲花柱础：该殿24个覆莲柱础，系唐代遗物，极为珍贵。莲花“出淤泥而不染，濯清涟而不妖”，亭亭玉立，清新高雅，与道教“清静无为”的思想极为吻合，所以以莲花为题材的图案便成为道教宫观中的主

a

b

图12-2 太晖观高台北城垣照壁

照壁位于高台北城垣中央，砖砌，为硬山灰筒板瓦顶，屋脊高出城垣。南面中央嵌一绿琉璃海山水波龙纹图案，山水相间。照壁左右镶嵌五百石雕描金灵官，下有砖砌焚香炉。

要装饰纹样，迎合人们崇莲爱莲的心理。

玄妙观三天门石雕：三天门明间前额枋浮雕双龙戏珠，后额枋浮雕双凤朝阳。龙飞凤舞，吉祥如意。龙凤代表尊贵。龙代表天、明、阳，在南方；凤代表地、暗、阴，在北方。

玄妙观石碑：碑位于玉皇阁右前方，元至正三年（1343年）造，刻有《中兴路创建九老仙都宫记》。碑通高2.85米，宽1.45米，圆顶，碑额浮雕双龙戏珠，四周阴刻云纹边框。碑文为元翰林学士欧阳元所撰，书法家危素手书。碑文记述了“九老仙都宫”营建始末及元静真人唐洞云学道的经历。楷书阴刻，笔力雄浑。碑文结构严谨，文笔优美，是研究道教史和书法艺术的实物资料。碑亭为20世纪80年代建。

太晖观朝圣门前月台石栏：钩栏系整石雕成，上圆下方，四周平雕方框，栏板雕饰题材广泛，内容丰富，各栏无一雷同，有园林建筑、人物故事，花鸟鱼虫等；石榴形柱头。月台与前阶交会处的两根望柱呈八角形。径约45厘米，高2米，式样奇特。

太晖观照壁：位于高台北城垣内壁中央，砖砌，顶面高出城垣堞垛，为硬山式，覆灰色筒瓦。两边砖砌倚柱，上下砌出边框，四角素饰，中嵌一绿琉璃海山水波龙纹图案，山水相间，柱、檩、椽皆甚精致。

十三、木雕装饰

木雕是中国古代建筑中不可缺少的装饰之一，人们常用“雕梁画栋”来形容建筑的华丽。楚地建筑木雕历史悠久，《楚辞》中就有很多关于建筑木雕装饰的描绘。现存明清的宫观、寺庙、祠堂、民宅中均大量使用。三观木雕以太晖观金殿为佳。金殿下层檐下四周额枋外侧和底面雕有各种花纹图案，以代替彩画。几根额枋所饰花纹各不相同。额枋外侧平雕锦纹、钱纹。菱形纹等，以二方连续和四方连续纹样作边框，中间有高浮雕人物故事，花草林木、小桥流水、建筑、日月星辰，飞禽走兽，渔樵耕读等，构图自由活泼，刀法细腻。枋底满饰锦纹、回纹、六角、八角、钱纹、菱形几何纹样。廊内月梁两面雕有荷花、菊花、牡丹、梅花、兰草等图案。

前檐明间额枋上有高浮雕二龙戏珠，云绕蟠龙，龙头高出底面达20厘米，游于云雾中，系清乾隆十二年（1747年）制作。两次间浮雕

图13-1 远眺荆州博物馆
荆州博物馆位于开元观东侧，主楼二层，坐落在双层须弥座上，歇山式屋顶，古色古香。与西边的开元观一门三殿古建筑相对应。其后有珍宝馆。馆内庭院中花卉林木浓郁葱葱，环境幽雅。

a

b

图13-2 东门游览区

东门游览区以古城墙和东门城楼为中心，以仿古九龙桥连接河东的巨型“金凤腾飞”城标，河畔有龙舟看台、游船；城内有碑苑、竹园、梅园，仿古一条街等，这里地域宽阔，环境优雅，内涵丰富，奇异多趣。

仙鹤，翩翩起舞。鹤被视为仙禽，仙人常乘仙鹤云游四方，是道士们飞升成仙的坐骑。

金殿外金柱下木雕鼓形柱櫍，櫍是置于柱础之上，垫于柱脚之下的构件。最早的櫍用铜做，见于河南殷墟遗址中。宋代改用櫍。櫍一般用横木，以防止水汽沿立柱纵向毛细管侵入柱体，櫍可以防潮，兼有装饰效果。

十四、今日三观

图14-1 湖北荆州古城及护城河（程里尧 提供）
荆州古城传为三国蜀将关羽所筑，原为土城，南宋时用砖包砌，元拆除，明初又重建，现存的城垣为清顺治三年（1646年）修建。城呈多边形，护城河如玉带环绕，起伏曲折状若游龙。

岁月流逝，斗转星移，三观已失去了往日宗教活动的盛况，但作为湖北省省级文物保护单位和江陵历史文化名城的重要组成部分，经过20世纪80年代的全面维修，又焕发了青春，被喻为江陵历史文化名城的三颗明珠。开元观是荆州博物馆所在，已辟为三国史迹人物陈列室；玄妙观辟为江陵博物馆，陈列江陵出土文物；太晖观已辟为公园，可供参观浏览。

大事年表

朝代	年号	公元纪年	大事记
唐	开元年间	713—741年	唐开元年间，传唐玄宗梦见一巨人对他说："吾欲出，建道场。"不久便接到荆州奏报，说江陵城西涌出一铁人，玄宗立即下诏，就地建观，名"开元"，故址在县治西
宋代至元代		960—1368年	宋、元时，太晖山上曾有草殿
宋	大中祥符二年	1009年	宋大中祥符二年，诏天下州府监县建道观一所，将建于唐开元年间的玄妙观定名为"天庆观"
元	大德年间	1297—1307年	元大德年间诏将诸路天庆观易名元妙观，观址系城中张氏故居
	（后）至元年间	1335—1340年	元静真人唐洞云创建九老仙都宫，故址在今小北门西侧，有三清殿，门庑、法堂、方丈、云台等，后废
明	洪武二十六年	1393年	明洪武二十六年，朱元璋第十二子湘献王朱柏在太晖山上建王宫，次年落成。竣工后被人告发有逆反之心，朱柏恐惧，便将王宫改为道观，名"太晖"
		1368—1644年	开元观明以前建筑何时被毁，无处可稽。明代在唐基址上重建开元观，其后多有修葺
	正德八年	1513年	1513年玄妙观毁于火，改建于县学前东南，后废为书院
	万历年间	1573—1620年	明万历年间，玄妙观从县学迁建于"九老仙都宫"旧址，有四圣殿、三清殿、玉皇阁、玄武阁、左右廊庑，圣母、梓潼二殿。现存总体布局乃明万历年间遗构
	万历二十八年	1600年	重修太晖观金殿
	崇祯八年	1635年	重修太晖观
清	顺治十一年	1654年	重修太晖观

朝代	年号	公元纪年	大事记
清	康熙十一年	1672年	重修太晖观金殿，脊枋下题有“康熙壬子年重修鼎建”等字样
	乾隆年间	1736—1795年	清乾隆十二年维修金殿，额枋上刻有“乾隆丁卯孟秋月吉旦”。乾隆四十九年“增补金殿铜瓦436块”
	乾隆五十年	1785年	明万历年间玄妙观玄武阁何时被毁，史无记载。清乾隆五十年依明基重建，更名“紫皇殿”。脊枋下题有“大清乾隆五十年岁次乙巳”等字样
	嘉庆年间	1796—1820年	清乾隆五十三年发大水冲毁玄妙观三清殿、四圣殿，玉皇阁独存。清嘉庆十三年至十六年补修玉皇阁，塑玉帝圣像；二十一年添置玉皇阁长明灯
	嘉庆以后		清嘉庆以后，太晖观有过多次小型维修。金殿的铁瓦，现存的文昌宫、药王殿、娘娘殿都是晚清建筑
中华民国	32年	1943年	日本侵略军炸毁太晖观雷神殿、观音殿
中华人民共和国		1949年	李培文等人拆除太晖观廊庑、救苦殿、西大宫、东大宫
		1951年	江陵县公安局拆除太晖观玉皇阁、三清殿、东二宫、斗姆殿、大雷坛
		1983年	国家拨专款维修玄妙观玉皇阁、紫皇殿、三天门
		1983—1990年	国家拨专款维修开元观山门、雷神殿、三清殿、祖师殿、天门、厢房
		1987年	国家拨专款重建玄妙观山门
		1989年	国家拨专款对太晖观金殿进行全面维修，屋顶用黄琉璃瓦覆盖

“中国精致建筑100”总编辑出版委员会